MÉDITATIONS HIPPOLOGIQUES.

—

Extrait du Journal des Haras.

—

Au moment d'agir, il faut, le plus souvent, faire trêve aux théories, pour ne plus consulter que le terrain, prendre son parti d'après lui et en tirer tout le parti possible.

LE PRINCE DE LIGNE.

I.

Dans l'état sauvage, la nature donne une forme déterminée et presque invariable à chaque espèce de plante ou d'animal qu'elle produit. Dans la culture ou la domesticité, elle se prête à varier les caractères des plantes et des animaux, en raison de la part que prend l'homme à cette formation modifiée.

La nature aide libéralement celui qui travaille avec intelligence et avec zèle ; mais elle reprend ses droits et ses allures en proportion de la négligence que l'homme apporte dans l'accomplissement de la tâche qui le concerne.

Il y a trois éléments principaux dans la productio d'un

animal domestique, et particulièrement d'un herbivore, — la génération, — le sol, — le soin.

Quand le sol est bon, on peut faire bien avec peu de soin et de dépense ; moins il est bon, plus il faut travailler pour rétablir l'équilibre.

Avec une bonne culture et beaucoup de soin, on peut arriver très-haut, et jusqu'à effacer l'influence du sol. En livrant, au contraire, à la simple puissance du terroir des animaux auparavant perfectionnés, la décroissance est d'autant plus rapide et plus profonde que l'animal a été plus artificiel ; elle peut même descendre au-dessous des produits naturels du sol.

II.

L'étalon, quelque merveilleux qu'il soit, n'a qu'une part très-réduite dans la production du cheval. En outre de ses vertus particulières, il faut une jument, un éleveur, une prairie, de l'avoine et surtout des acheteurs.

L'étalon et la jument font le poulain; mais c'est l'éleveur qui fait le cheval, et l'acheteur qui fixe sa destinée.

En Angleterre, c'est dans le coffre à avoine qu'est, dit on, le secret de la fabrication du cheval; en France, c'est particulièrement sur la prairie.

Il y a moyen de faire un bon cheval avec une prairie et de légers accessoires: le tout est de savoir s'y prendre.

Quand vous élevez en *plein air*, la souche existante, quelle qu'elle soit, est toujours précieuse comme point de départ; elle possède le secret, les sympathies du sol. Peut-être ne serait-elle remplacée par aucune autre impunément. En travaillant sur elle, vous êtes toujours sûr de conserver des racines très-solides.

Il y a divers moyens de tirer parti d'une race locale : 1° l'améliorer en *dedans*, en alliant entre eux ses meilleurs individus et en élevant avec soin leurs produits ; 2° l'améliorer par *dérivation*, au moyen d'une succession d'alliances supérieures, en ayant toujours soin de soutenir le progrès du croisement par le progrès du régime; 3° si la race est assez forte, assez bien conformée pour recevoir le pur sang, on peut la conserver intacte dans son propre renouvellement ; puis employer ses cavales avec l'étalon de pur sang, pour produire des chevaux de demi-sang, destinés à la vente. On tire ainsi de ce croisement le cheval de demi-sang, comme on tire le mulet de l'alliance du cheval et de l'âne, et l'on n'emploie pas plus ces métis que des mules à la reproduction. On peut appeler cela opérer par la greffe.

On peut comparer l'amélioration en dedans à ce que les physiologistes appellent *intus-susception*, et l'amélioration en dehors, ou par le croisement, à ce qu'ils nomment *juxta-position*. Si l'on néglige d'appuyer, par un suffisant degré de soin et de nourriture, l'un et l'autre système, *l'intus-susception* ne se remplit que de vent et la *juxta-position* ne s'opère qu'à l'aide d'un sable mouvant, toujours prompt à s'affaisser.

III.

Avant de donner le sang à une race, disent justement les agronomes, *il faut, par un progrès agricole sagement calculé, avoir obtenu des produits alimentaires en rapport avec les besoins nouveaux de la race améliorée.* Voilà le meilleur conseil que l'on puisse donner aux éleveurs. Mais, comme il ne dépend point de l'administration des haras que l'éleveur, auquel elle offre des étalons, augmente ou améliore la nourriture de ses poulains, elle est obligée de s'en tenir à la question posée dans les termes suivants : *Prendre le terrain comme il est, et les éleveurs tels qu'ils sont (tout en les encourageant à mieux soigner leurs poulains) ; faire naître sur chaque point le cheval qui offre le plus de chance d'y réussir.* Ici, le sang anglais, là, le sang arabe ou bédouin, plus ou moins pur ; ailleurs enfin un très-simple et très-sobre roussin.

Car, si l'éleveur ne donne que peu de soins à ses poulains, le problème qui reste à résoudre est celui-ci : *faire naître entre ses mains un poulain qui s'élève tout seul.*

Présenter tel étalon à telle contrée, à telle jument, à tel éleveur, c'est donner à cette contrée, à cette jument, à cet éleveur, une tâche déterminée à remplir ; or, si l'étalon en question est de trop forte stature ou de trop grande distinction, il peut arriver que l'herbage, la jument ni l'éleveur ne soient de force à accomplir la mission qu'on leur confie.

« Mon champ ne veut rien produire, disait un pauvre cultivateur à Henri IV. — Eh ! mon ami, répondit le monarque, semez-y des Gascons, ils prennent partout. — De même dans un élevage imparfait, on ne peut rien semer de mieux que des bédouins, des bretons, des roussins. Comme ils ont été quelque peu exercés à vivre sans manger, il y a chance qu'ils s'accommodent plus que tous autres d'un régime très-frugal.

Dans un élevage rustique, le roussin s'épanouit; le pur sang se fane et se resserre.

Le roussin est un gros joufflu (ses joues sont aux deux côtés de sa queue), fils de la nature. C'est un gamin qui s'élève d'une bouchée d'herbe, et qui se porte bien partout.

IV.

Le pur sang est l'expression la plus élevée, la quintessence du cheval. Il est descendu du ciel dans les mystères sablonneux de l'Arabie ; il a été acclimaté en Angleterre à l'aide de la serre chaude.

Les Arabes disent que leurs chevaux de race pure descendent en ligne directe des haras du roi Salomon et des cinq juments du prophète. — Vous croirez cela si vous voulez.

Il est bon toutefois de faire remarquer qu'Abubèkre, maître d'écurie du sultan d'Egypte Kélaoun, en 1270, nous a laissé un ouvrage où il ne parle ni de généalogies ni de castes hippiques, et dans lequel il divise tout simplement les races arabes de son temps par le nom des trois régions de l'Arabie, *Hedjaz*, *Yémen* et *Néged* ou *Nejdjd*.

Les auteurs modernes, et je crois Nieburh le premier, en 1750, nous ont annoncé que les Arabes distinguent leurs chevaux par familles titrées et non par contrées, que la race noble se nomme *Kohel* ou *Koklany*, et la race ignoble *Kadischi*.

Le cheval est traité par l'Arabe comme un ami, comme un membre de la famille. — Les Anglais le considèrent comme une œuvre d'art. — En France, les éleveurs ne voient en lui qu'un bétail, et les consommateurs qu'un instrument.

Les Anglais ont fondé leur race de pur sang au dix-septième siècle, sur le sang arabe.

Le cheval arabe s'étant montré le plus vite sur l'hippodrome, le plus énergique, toute proportion gardée ; ils l'ont adopté pour leur point de départ.

Ils se sont attachés à tirer race des coursiers qui se recommandaient le plus sur le turf ; d'où il suit que le cheval oriental a formé, chez eux, une souche spéciale dont l'attribut distinctif est la vitesse.

Le même cheval arabe, transplanté en Espagne, en Navarre, en Limousin, a été *cultivé* pour le manége, et dirigé dans un sens de souplesse.

De chaque côté, on a réussi à obtenir ce que l'on voulait. Le cheval anglais est devenu plus rapide, le cheval andalous, navarin, limousin, plus moelleux que le cheval arabe, point de départ commun.

Le célèbre duc de Newcastle, qui jugeait les choses au point de vue de manége seulement, avait été peu satisfait de deux ou trois chevaux arabes, que seuls il avait vus ; mais il connaissait très-bien les barbes, et il disait, vers 1660 : les barbes sont les gentilshommes ; mais les espagnols sont les princes.

Le cheval de race pure, encore mieux soigné en Angleterre que sur sa terre primitive, a gardé tout son sang, accru sa taille et son étoffe ; il est devenu plus puissant que son aïeul autrefois importé, et que son cousin resté dans le désert. Il est un chef-d'œuvre de l'art, qui eut pour matière première le chef-d'œuvre de la nature.

Fondé sur une race exotique, il a été amélioré *en dedans*, et les Anglais tiennent que c'est le faire rétrograder que de l'allier de nouveau au sang arabe.

Les chevaux espagnols, navarins, limousins, ont suivi une marche opposée. Sortis également de sang étranger, ils s'étaient formés sous l'influence d'un sol favorable et d'un *demi-soin ;* ils ont dégénéré dès qu'ils ont été moins demandés par les consommateurs ; alors le *demi-soin* n'est devenu qu'un *quart de soin*, peut-être une fraction moindre encore. Comme, en telles conditions, ils ne peuvent être améliorés *en dedans*, on ne saurait trop les retremper aux sources vives dont ils sont sortis dans l'origine. On ne peut appeler cela les améliorer *en dehors;* mais bien plutôt les *étayer* pour les empêcher de tomber. Avec un régime incomplet, le croisement est moins un point de départ vers l'amélioration qu'une lutte indéfinie contre la dégénérescence.

En telle condition, ce n'est pas le sang le plus raffiné, le plus élevé à force d'art, qui vaut le mieux ; c'est au contraire le plus natif et le plus rustique. Il y a plus chance de succès avec l'arabe qu'avec l'anglais, avec le bédouin qu'avec l'arabe.

Aussi, dans le siècle dernier, lorsque l'art de l'élevage n'était pas encore poussé très-loin, les hippologues disaient-ils que le cheval barbe était préférable à tout autre étalon. C'est qu'en effet, de tous les chevaux de sang, le barbe est le plus rustique, et de tous les chevaux rustiques, le barbe est celui qui a le plus de sang.

Dans notre élevage négligé du midi, le mieux ne serait-il pas de prendre le contre-pied de ce que font les Anglais? Ceux-ci, grâce à leurs soins minutieux, ne craignent pas d'entasser sang sur sang, de planter de bouture les rameaux les plus délicats à faire réussir ; nous autres, pour agir prudemment, ne ferions-nous pas mieux d'enraciner de bons sauvageons, pour les greffer quand ils auront force suffisante?

Le pur sang anglais, œuvre du soin et de l'art, a toujours un peu besoin de la serre chaude ; cultivé en plein air, il languit; confié à une terre ingrate, il avorte.

Il ne faut jouer au pur sang qu'avec de bonnes poulinières, de bons herbages et de bons éleveurs ; quand on le verse dans un moule indigne, il ne sort que de pauvres lingots.

Le pur sang fait merveille avec les belles cavales; mais il est rétif à améliorer la postérité des rosses; il n'est pas moins rétif avec les mauvais éleveurs et les mauvaises prairies.

Le sang est tout, disent les uns ; le sang n'est rien, disent les autres. — Distinguons : avec le soin, le sang est chose très-grande, avec absence de soins, il peut devenir moins que rien.

Plus un cheval a de sang et de distinction, plus mal il tourne entre des mains incapables ou sur un mauvais pâturage. Il y a alors comme une réaction de la nature sauvage contre la conquête industrielle.

Il en est ainsi des races bovines de Durham et de Fribourg, des races ovines de Dishley, de New-Kent ou d'Espagne. Jetées sur la terre nue, elles meurent ou elles restent au-dessous du sauvageon local.

Lorsque la masse de nos éleveurs témoigne de la défiance envers le pur sang, elle n'a pas tort ; elle se rend justice. — Elle lui rend justice aussi, car c'est le compromettre que l'accepter quand on n'a pas ce qu'il faut pour le faire réussir.

Le poulain, en naissant, se présente comme un canevas sur lequel l'éleveur doit travailler par lui-même et par sa prairie.

C'est à l'éleveur de développer les muscles, de raffiner le sang, d'animer le cœur du cheval. Plus le canevas est fin et plus l'éleveur grossier en tire un mauvais parti.

V.

Deux choses dans la formation du cheval : — l'*étoffe* et le *sang*. — Ce sont les deux pôles de la sphère chevaline.

Un cheval qui n'a pour lui que l'*étoffe* est une machine lourde fonctionnant à peu de résultat ; un cheval qui n'a que le *sang* est une ombre fugitive dont l'utilité réelle est difficile à saisir.

C'est l'équilibre de ces deux forces qui forme le bon cheval à tous les degrés, depuis le coteau pierreux jusqu'au fond du marais, depuis la diligence jusqu'au *sport*.

Un cheval qui n'a que l'étoffe ou qui n'a que le sang, n'est que la moitié d'un cheval.

Les prairies herbeuses des vallées développent surtout l'*étoffe* ; les prairies sèches et aromatiques des coteaux poussent au *sang*, indépendamment de la filiation. Sur les premières, l'*étoffe* a de la propension à tourner à la *lymphe*, et doit être raffermie à propos par un croisement de *sang;* sur les secondes, l'étoffe tourne au *sang*, et le *sang* au squelette. Inutile de chercher à rembourrer de *sang* ce squelette, car

> Sur ces prés merveilleux la lymphe devient *sang*
> Et le *sang* devient rien.

Mieux vaut se rappeler le conseil donné au *Malade imaginaire*, par Toinette, improvisée médecin : « Pour épaissir votre sang, qui est trop subtil, mangez de bon gros bœuf, de bon gros porc. » Et en vertu d'une consultation si lumineuse, renforcer de bon roussin les fines races que le trop long usage du sang et de la prairie desséchante ont rendues étriquées.

Car si l'on ne soutient pas, par le soin et la nourriture, les races qui ont beaucoup de *sang*, il faut, de temps en temps, les *doubler d'étoffe*.

Je ne sais si je me trompe, mais je crois entrevoir que, sur quelque prairie qu'on opère, l'usage trop fréquent du sang fatigue les races, absolument comme des récoltes réitérées de céréales fatiguent les meilleurs terrains.

Ce qui me fait parler de la sorte, c'est que je vois les races du midi, depuis longtemps saturées de sang, se débattre vainement pour reconquérir de l'étoffe et pour s'épurer les articulations. C'est que la prairie de Saint-Gervais, en Vendée, qui est si habile à grossir les suites du roussin de Bretagne, voit sa race chevaline diminuer sensiblement de volume, sous l'action répétée du sang ; c'est qu'enfin la race boulonnaise, pour qui le sang est nouveau, produit d'excellents chevaux à ses premiers croisements, et donne des articulations parfaitement saines (1).

On sait que le *sang* est un principe condensateur, que les os, les muscles, tous les tissus d'un cheval de pur sang, pèsent sensiblement plus, à volume égal, que les éléments correspondants d'un cheval rustique. On a justement comparé le cheval de pur sang à un madrier de cœur de chêne, et le cheval vulgaire à une poutre de bois blanc. Or, il est dans la nature des choses que ce principe condensateur, quand il n'est pas suffisamment alimenté, quand il est livré sans modérateur à sa propre impulsion, conduise à l'atrophie, et que l'atrophie développe les tares par la végétation maladive des tissus. Voilà quelle est, trop souvent, l'histoire de notre élevage du midi ! Beaucoup de sang, mais point d'étoffe, puis des tares, des encastelures, en un mot du racornissement.

Il n'est donc pas étonnant que l'on trouve plus d'éleveurs de chevaux communs que d'éleveurs de chevaux de sang ; — comme on trouve plus de planteurs de peupliers que de planteurs de chênes.

L'*étoffe*, au contraire, qui est le contre-poids naturel du *sang*, a l'avantage de noyer les défauts d'une race dégénérée ; elle ramollit, dilate les tissus, et les dispose à se laisser pétrir dans un nouveau sens.

Pour amender une race, surtout une race trop grêle, il faut se garder de tirer droit au pur sang ; on ferait par là du décousu et des tares à perpétuité. — Le vrai moyen, c'est, comme nous l'avons déjà dit ailleurs, de décrire une parabole par ces trois phrases : — grossir les types défectueux, — régulariser les gros, — donner le sang aux réguliers. — Puis, quand le sang

---

(1) Voir nos observations sur les chevaux de cavalerie, au numéro de mai 1849 du *Journal des Haras*.

a de nouveau rendu la race trop mince, on recommence la période. Cette méthode, qui est une sorte de rotation ou d'assolement, est celle que je suis depuis longtemps ; je la crois bonne à observer sur tout terrain, marais ou coteau, en ayant soin de garder les proportions voulues par le sol ou par la nature de l'élevage.

L'œuvre hippique doit s'édifier comme une œuvre d'architecture. A la base, il faut poser de bons gros blocs, taillés simplement, mais régulièrement ; déployer les ornements à mesure que l'édifice s'élève, réserver pour les frises et les chapiteaux tous les trésors, toutes les délicatesses de l'art.

En d'autres termes : Ficher en terre le roussin, le greffer et en tirer le meilleur fruit possible ; mais ne pas attendre que le pur sang s'enracine jamais dans un faible sol ; il faut se contenter de recueillir ses fruits sur les racines et sur les tiges du sauvageon.

Si nous insistons tant pour approprier l'élève du cheval à la nature du sol et de l'herbage, il est bien entendu qu'il s'agit surtout de l'élevage en plein air, de la culture en pleine terre ; car il est libre à chacun de modifier son sol comme il lui convient, de le défoncer, de l'amender, de l'abriter, de convertir la plus aride bruyère en un jardin ravissant, en un Eden hippique. Dans un terrain ainsi métamorphosé, chacun peut, à son gré et avec succès, cultiver le cantaloup, l'ananas ou le cheval de pur sang, sans trop se préoccuper du sous-sol, du climat ou de la latitude. A cette condition, le cheval de pur sang réussit partout, en Arabie, en Angleterre, en Russie ; et réciproquement on pourrait sans doute maintenir le percheron, le boulonnais dans toute leur gloire, au milieu du Limousin ou des oasis de la Lybie.

Car il ne suffit pas de dire : le pur sang vaut mieux que le roussin, le cantaloup que le sucrin, l'ananas que la pomme de terre. Tout cela est bien vrai ; mais longtemps encore on sera réduit à dire à une bonne part des cultivateurs : Mes amis, faites des roussins, des sucrins et des pommes de terre.

Le pur sang, c'est un tableau de maître, que les barbouilleurs ne peuvent exécuter. A cent mille barbouilleurs on pourrait commander cent mille pur sang, sans qu'il en sortît un chef-d'œuvre ; tandis que ces mêmes *artistes* feraient peut-être de bons décors d'appartement ou des roussins très-estimables, si l'on se bornait à leur commander des roussins et des décors.

VI.

Une question à l'ordre du jour est celle-ci : Doit-on maintenir les haras ou les supprimer pour laisser agir l'industrie privée ?

En Angleterre, disent les partisans de la suppression, il n'y a pas de haras, et l'industrie privée y fait admirablement les chevaux.

Rappelons d'abord, comme nous l'avons dit, qu'en Angleterre le cheval est une *œuvre d'art*, tandis qu'en France il n'est qu'un *bétail* ou un *instrument*. Un artiste le modèle en Angleterre ; en France, un ouvrier le fabrique, une prairie le fait pousser parmi ses herbes bonnes ou mauvaises.

En Angleterre, les chevaux de haute distinction se soutiennent à un prix élevé. En France, il en est des chevaux comme de tout objet fabriqué, il faut produire à bon marché pour vendre de même. Cela ne pousse pas au progrès

En France, l'apogée de la valeur d'un cheval, c'est quand l'animal est présenté, tout neuf et rembourré d'une graisse absurde, chez le maquignon. Dès qu'il passe de l'écurie du marchand dans celle d'un particulier, il perd soixante-quinze pour cent de sa valeur. En Angleterre, un cheval présenté neuf chez le marchand est peu recherché ; on le regarde comme un inconnu dont on se défie ; mais on achète à prix élevé les chevaux qui ont fait leurs preuves chez des particuliers. En France, c'est le cheval le plus bouffi, en Angleterre le cheval le plus connu, qui a le plus de prix.

Un fabricant de tapis me disait naguère : « Autrefois, je faisais de bons tapis que je vendais à prix convenable ; mais depuis vingt ans les commandes qui me sont faites rabaissent toujours les prix, et me prescrivent de baisser, s'il le aut, la qualité. Aujourd'hui, je suis arrivé à ne faire que de la drogue ; mais, que voulez-vous ? c'est ce qui a le plus de succès. »

Ainsi fait l'industrie privée en matière de chevaux. Pendant que nous devisons de courses, de chevaux mirobolants, l'éleveur, dans la réalité, ne peut travailler que sur une saillie de 5 francs et sur un roussin qui s'élève d'une poignée de foin. Les chevaux de haut prix sont, à l'égard du commerce et des consommateurs, des êtres anormaux sur le bénéfice desquels le producteur ne peut compter. C'est le cheval de prix moyen qui, seul, offre des chances de bénéfice. Le haut prix d'un cheval est un prix imaginaire.

La production chevaline privée offre deux branches d'industrie qui sont bien distinctes, qui sont antagonistes l'une de l'autre : l'industrie *étalonnière* et l'industrie *poulinière*.

Comment cette dernière se trouverait-elle lésée par les haras ? Ils lui offrent, pour un prix minime, l'usage d'étalons d'élite, qu'il serait tout à fait impossible à l'industrie privée de fournir pour un salaire si mince.

L'industrie étalonnière pourrait seule se plaindre; et dire que les haras lui font concurrence ! — Voyons quels sont ses titres, et ce qu'elle pourrait faire, si elle était seule.

Remarquons d'abord qu'avec l'obligation de produire à bon marché, imposée à l'industrie chevaline comme à toute autre, la saillie ne vaut qu'un prix chétif, depuis le nord jusqu'au midi, depuis l'est jusqu à l'ouest du territoire français. Ce n'est point la concurrence des haras qui l'a rabaissée à son faible taux ; elle y est établie dans les lieux où les haras pénètrent le moins, et où l'industrie privée prospère le plus, comme le Perche, l'Artois, la Picardie, la Flandre, etc.

Sur plusieurs points, la concurrence que se font entre eux les étalons privés abaisse le chiffre jusqu'à 3 francs, *avec garantie de gestation*. On parle même, sur quelques points, de 1 fr. 50 c.

Or, à 3, à 5 et même à 10 francs, que voulez-vous qu'on vous donne? A pareil intérêt sacrifiera-t-on un capital de plus de 1,000 francs ?

A 1,000 francs le cheval distingué est régulièrement impossible ; le cheval le plus rustique, le plus grossier est celui qui offre le plus de valeur réelle dans les chevaux à bas prix.

Pour mieux se rattraper, que font les étalonniers? Ne pouvant obtenir beaucoup d'argent d'un éleveur, ils demandent un peu d'argent à beaucoup d'éleveurs, et ils acceptent jusqu'à deux cents juments par étalon, ce qui est hors de toute proportion pour bien faire.

Si les haras étaient supprimés, ne croyez pas que le prix de la saillie augmenterait pour les chevaux de sang. On a vu des étalons d'élite dont la saillie était vainement offerte à 20 fr., loin des haras et au milieu de beaucoup de juments. — On complimentait l'étalon, mais on lui préférait le roussin à 5 fr. *avec garantie de gestation.*

Décidément, le cheval français veut être fabriqué à bon marché, en commençant par la saillie.

Une saillie à 50 guinées, comme celle d'*Emilius* en Angleterre ; une saillie à 100 francs, à 20 francs même, voilà qui s'envole dans le domaine de l'imagination et des rêves dès qu'on descend dans la réalité de nos modestes habitudes.

Ainsi acculée, l'industrie étalonnière est réduite, comme notre marchand de tapis, à se pourvoir d'une matière première peu précieuse, pour en céder à vil prix les résultats, sauf à dire avec lui : « Cela n'est pas bon ; mais c'est ce qui a le plus de débit. »

Les haras n'exercent, à l'égard de l'industrie privée, ni *monopole* ni *concurrence*, puisqu'il faut douze mille étalons pour la production française, et que l'administration n'en possède que douze cents.

Dans les départements qui s'adonnent de préférence à la production du cheval de trait, les gros étalons abondent, sans tenir compte de la présence des haras. Le département du Pas-de Calais en compte à lui seul deux cent cinquante.

Dans le midi, l'étalon particulier est presque inconnu. Et comment en serait-il autrement ? L'éleveur est pauvre, et les races locales exigent des chevaux de distinction, par conséquent des étalons très-chers.

Les haras ne font pas de tort appréciable à l'industrie *étalonnière* privée. D'ailleurs, lui causassent-elles quelque préjudice, nous demanderions encore si les services qu'ils rendent à l'industrie *poulinière* ne devraient pas, avant tout, être pris en considération.

Nous avons dit que, sur beaucoup de points, il n'y a qu'un étalon pour deux cents juments. Admettons, pour rentrer dans une condition plus normale, qu'il y ait un étalon pour cinquante juments

L'industrie poulinière mérite donc d'être cinquante fois, pour ne pas dire deux cents fois, plus encouragée que l'industrie étalonnière, puisqu'elle représente à l'égard de celle-ci une proportion de cinquante ou même de deux cents contre un.

Sur tous les points, même sur ceux où il y a le plus d'étalons privés, vous voyez les propriétaires de juments demander à l'administration le secours de ses étalons. Lisez, à cet égard, les vœux des conseils généraux depuis quarante ans.

Si l'industrie poulinière, au lieu de trouver à bas prix le service des étalons de l'Etat, était obligée de payer entre les mains de qui de droit le capital ou les intérêts de pareils reproducteurs, *ce serait pour elle une charge et non un bénéfice.* M. de La Palisse, en son temps, eût rendu hommage à cette vérité, mais de nos jours, elle est mise en question !...

La *concurrence* que font les haras à l'industrie privée peut se résumer en ces termes : les haras font fort peu de tort à l'industrie étalonnière, et très-grand bien à l'industrie poulinière.

Lorsque, réduite dans ses moyens d'action, l'administration cesse d'envoyer ses étalons sur un point accoutumé à les recevoir, voyez-vous l'industrie privée élever ses bras vers le ciel, en témoignage d'actions de grâces ? — Non ; elle les tourne vers le conseil général pour se plaindre du délaissement, pour dénoncer l'injustice, pour pétitionner, pour employer tous les moyens de ravoir des étalons.

Et s'il est impossible de faire revenir les étalons nationaux, qu'est-ce que l'on fait ? On sollicite le conseil général d acheter des étalons départementaux, et on le supplie alors de faire venir, non des étalons de sang comme ceux des haras, mais des percherons et des boulonnais.

Des hippologues reprochent aux haras d'avoir confondu toutes les races à l'aide du sang anglais. Ils ne font pas attention que les possesseurs de toutes les races ont demandé eux-mêmes une égale confusion de celles-ci ; seulement, c'était à l'aide du percheron et du boulonnais, au lieu du cheval de sang. Le percheron a été amené sur bien des points de la France par les conseils généraux, depuis le Finistère jusqu'au Rhin, depuis les Ardennes jusqu'au Var ; mais il n'a guère fait fortune que dans le Perche.

Loin d'être considérée comme une concurrence, comme un monopole envers l'industrie privée, l'action des haras doit être définie : *une avance, une subvention*, qui consiste à offrir, pour une somme très-modique, l'usage d'étalons de prix que l'industrie étalonnière privée ne pourrait donner sans perte qu'à un taux beaucoup plus élevé. La perte de cinquante, peut-être de soixante-quinze pour cent, que l'Etat fait volontairement sur chacun de ses étalons, est ce qui forme le chiffre de la *subvention*.

Si l'industrie poulinière se trouve en telle condition, — comme elle l'est en effet, — qu'elle ne puisse payer cher la saillie, elle sera réduite à se contenter du seul roussin que la spéculation pourra lui offrir.

Or, dans le nord de la France, la spéculation aime particulièrement à travailler sur le cheval de trait, et, dans le midi, sur le mulet. Ce n'est pas là ce qu'il y a de plus distingué ni de plus apte à l'armée, mais c'est ce qui se fabrique à meilleur marché et se vend le plus vite ; c'est par conséquent ce que la spéculation, livrée à elle même, a le plus d'intérêt à produire.

Si cette production rapporte plus que celle du cheval distingué, il faut la respecter, mais il peut se faire qu'elle laisse une lacune fâcheuse dans la richesse du pays.

C'est précisément ce qui arrive à l'égard du cheval de guerre et du cheval de luxe. Ce dernier nous vient en grande partie de l'étranger, l'autre naît exclusivement des étalons actuels de l'Etat. Les étalons privés ne sont nullement choisis pour le produire, et, en vérité, ils ne peuvent l'être avec la valeur minime de leur capital et de leur prix de saillie.

Les haras sont nécessaires pour la production du cheval de guerre qui, sans eux, disparaîtrait de notre sol, ils sont nécessaires, non pour un temps, comme certaine illusion aime à le répéter, mais à perpétuité, je le crains, du moins.

Aussi faut-il les définir : *une subvention accordée à l'industrie privée en vue de la production du cheval de guerre*, et ensuite, s'il est possible; du cheval de luxe.

Si vous écoutez les doléances locales, vous y reconnaîtrez bien vite que ce n'est pas la suppression des haras que l'on demande, mais leur concours pour aider à produire le cheval de trait et le mulet : ce qui prouve assez bien que l'on prend leur action pour une *subvention*, et qu'on ne voit de *monopole* et d'*oppression* que dans leur insistance à pousser à la production du cheval léger, propre à l'armée.

L'industrie privée cesserait bien vite tout murmure si les haras, au lieu d'insister tant sur la production du cheval militaire, se mettaient en devoir de fournir tous les producteurs qui leur sont demandés pour faire le cheval de trait et le mulet.

La *subvention* des haras envers l'industrie privée est exactement parallèle à celle que reçoivent les théâtres de l'Opéra et des Français, pour continuer de représenter les œuvres scéniques qui font leur spécialité. Sans *subvention*, l'Académie nationale de musique et le théâtre de la République seraient bientôt réduits à jouer le mélodrame, pour se tirer d'affaire, et toute la production du cheval de remonte serait aussitôt remplacée par celle du mulet et du gros cheval. L'*émancipation* de l'industrie chevaline ressemblerait, en ce qui concerne la production du cheval de guerre, à l'*émancipation* de la Comédie-Française et de l'Opéra, invités à représenter leurs chefs-d'œuvre sans l'auxiliaire du budget.

Si les haras nationaux étaient supprimés, ce ne seraient pas les étalons à 5 francs et au-dessous qui manqueraient au service des juments ; ce seraient les juments à 25 francs et au-dessus qui manqueraient à la justification des étalons supérieurs.

VII.

Mais, dit-on, l'administration des haras ne satisfait pas aux besoins de la remonte. A quoi cela tient-il ? Est-ce qu'elle n'a que de mauvais étalons ?

Nous ne savons d'abord si l'administration de la guerre fait tout ce qu'elle peut, de son côté, pour recueillir les chevaux qui lui sont destinés. Nous examinerons cela dans un instant. Pour le moment, admettons le reproche d'insuffisance, et discutons-en les motifs. Cette insuffisance doit s'expliquer par la principale raison que l'éleveur, trouvant la tâche de produire le cheval de guerre périlleuse pour ses intérêts, cherche assez volontiers à s'échapper vers le cheval de trait et le mulet, qui s'élèvent plus facilement et se vendent plus sûrement dès le jeune âge, tandis que le cheval de guerre et de luxe n'a de valeur qu'assez tard, et expose à beaucoup de mécomptes.

En ce qui concerne le mérite des étalons nationaux, voici ce que nous dirons : Ils sont bien choisis, eu égard aux circonstances, eu égard surtout à l'idée de convergence progressive vers le sang. On veut, autant que possible, les acheter en

France, et c'est justice, pour encourager l'amélioration dans la production. Le renouvellement annuel exige une centaine de chevaux ; et, sur ce nombre, qui épuise à peu près l'élite de la production, il n'est pas étonnant que les dix derniers ne soient sensiblement inférieurs aux dix premiers. Il faut considérer aussi que les besoins du service ne permettent pas toujours de réformer à temps certains chevaux qui commencent à devenir défectueux. Car, sur la plupart des points, faute de *concurrence* ou d'auxiliaire suffisant de l'industrie étalonnière privée, les haras sont obligés de fournir le nombre autant que la qualité. — Et pourtant il serait à souhaiter que le nombre appartînt à l'industrie privée, et que la qualité, qui est le point dispendieux, fût seule réservée à l'Etat ; mais cela ne peut pas toujours se rencontrer ainsi.

Nous nous sentons plutôt disposés à adresser à l'administration un reproche contraire à celui dont elle est journellement assourdie. Au lieu de lui dire : vos chevaux sont mauvais parce qu'ils ne font pas d'assez gros poulains pour le commerce, parce qu'ils ne font pas de juments mulassières, parce qu'ils ne satisfont pas exactement aux demandes de l'armée, nous lui dirons : Vos étalons ne sont que trop beaux ; la plupart ont trop de distinction, de finesse, de sang, pour le genre d'élevage dans lequel ils sont destinés à opérer.

« Vous disposez bien de l'étalon, et vous le prenez aussi distingué que vous voulez ; mais vous ne disposez ni de la jument, ni de la prairie, ni du coffre à avoine, ni de la bourse, ni de la volonté de l'éleveur. C'est tout cela, encore plus que votre étalon, qui fait le cheval, et qui le fait, la plupart du temps, dans un sens tout inverse à l'impulsion que vous vous glorifiez de donner. Vous présentez des éléments très-améliorés, et on les sème dans des terres sauvages où ils réussissent moins bien que ne feraient des éléments plus rustiques. Avec moins de distinction dans vos chevaux, vous rendriez la tâche de l'éleveur plus facile, et vous arriveriez probablement à plus de résultats. »

L'amélioration par le *sang*, qui a pu être poussée très-loin sur la terre anglaise et en quelques principautés allemandes, était une expérience à faire sur le sol français. Cette épreuve a été tentée de bonne foi par l'administration depuis l'ordonnance de 1833 ; elle a été poursuivie, de sa part, avec zèle, intelligence, persévérance ; mais les obstacles sérieux qu'elle rencontre dans la rusticité de notre élevage, dans l'esprit général de la fabrication à bon marché, dans les habitudes terre-à-terre de notre commerce, nous disent aujourd'hui que notre production chevaline ne peut porter qu'un degré modéré de sang, et que des étalons très-simples lui sont souvent mieux appropriés que des étalons très recherchés.

La tentative qui se poursuit, depuis 1833, était tellement louable et si bien dans les idées de tous les hippiatres, que, lorsque vers 1840, l'administration de la guerre a voulu avoir quelques étalons à elle, elle les a choisis absolument dans le même système que l'administration des haras; elle a acheté en Angleterre des chevaux de pur sang, ou très-rapprochés du sang; elle a envoyé en Arabie chercher des chevaux nejdjds fort petits. L'expérience, si elle se fût prolongée, aurait bientôt démontré que ces étalons magnifiques étaient atteints d'un vice radical... celui de trouver fort peu d'éleveurs à la hauteur de leur mérite.

Car, avant tout, la question doit être ainsi posée : — à tels éleveurs, tels étalons. — Jamais : à tels étalons, tels éleveurs. La première formule se résout sur la terre positive ; la seconde se fie au mirage.

Ainsi, à la clientèle de Chantilly, l'on offre avec raison des étalons tels que *Gladiator*, *Sting*, *Young-Emilius*. Mais c'est en vain que l'on transporterait ailleurs ces chevaux d'élite; il ne s'improviserait pas pour eux une clientèle de *sportmen*.

VIII.

Le ministre de la guerre dit que la France ne produit pas le nombre nécessaire de chevaux aptes à la cavalerie. Le ministre de l'agriculture dit que la France produit ces chevaux en nombre suffisant.

Nous autres, pauvres éleveurs, placés sur le terrain de la querelle, nous sommes ravagés, meurtris, foulés aux pieds pour la plus grande gloire des deux combattants.

M. le ministre de l'agriculture nous fait faire, tant qu'il peut, des chevaux militaires. Il ne nous fournit d'étalons que pour cela; et plutôt que de nous concéder un seul étalon de trait ou mulassier, il nous enverrait paître avec nos juments et nos mules. Il ne manque jamais, pour nous encourager, de nous assurer que son collègue de la guerre a besoin de chevaux et nous achètera libéralement ceux que nous ferons. Mais quand vient pour nous le moment de la vente, il se trouve que M. le ministre de la guerre n'a nullement besoin de chevaux, qu'il s'est approvisionné en Allemagne ou ailleurs; que tous ses régiments sont au complet. La plupart du temps, nous ne voyons pas même un officier de remonte.

Il est bien certain qu'à la manière dont la guerre achète, ou plutôt n'achète pas nos chevaux, elle n'a pas le droit de se plaindre de ce qu'il n'y a pas assez de chevaux de guerre en France.

Et quelles sont les contrées qui ont été le plus maltraitées, depuis trois ans, par l'absence d'achats militaires? Ce sont celles qui produisent l'élite des chevaux, la Normandie, la Bretagne, le Poitou. Les journaux sont pleins des réclamations des éleveurs de ces trois contrées qui restent avec la majeure partie de leur production. Sur chacun de ces points, l'élan pour la production du cheval militaire, qui a été si vif de 1840 à 1846, est sur le point de s'éteindre.

Dans le sein de la commission hippique, en mai 1848, un officier de remonte très-distingué disait : « Nous ne voulons pas que l'agriculture fasse des chevaux spécialement pour nous les vendre, parce que nous ne pouvons prendre aucun engagement envers elle. Nous désirons qu'elle ne songe pas à nous quand elle élève ses chevaux ; mais qu'elle travaille pour le commerce en général, puis nous interviendrons, nous ferons notre choix, et l'on n'aura rien de plus à nous demander. »

Ces paroles sont éminemment sensées, justes au point de vue de la théorie économique. Rien ne serait plus à souhaiter que de les voir accomplies. Mais il ne dépend pas plus de nous, éleveurs, que de l'honorable colonel qui les a prononcées, de les réaliser. Depuis 1840, précisément, le commerce nous a fui, absolument fui, tant parce qu'il n'a pas voulu rester à glaner après la remonte, que parce qu'il a trouvé un approvisionnement immense sur les herbages de l'Ems, du Weser et de l'Elbe. Et nous sommes restés dans un tête-à-tête forcé avec la remonte, tête-à-tête éminemment malheureux et regrettable, puisque nous sommes réduits à vendre nos productions à la remonte, ou à ne pas la vendre du tout.

Nous ne pouvons donc travailler désormais qu'en vertu d'une commande spéciale, faite par les ministres de l'agriculture et de la guerre réunis. Si l'objet de la commande est exposé à des refus trop répétés, il nous sera impossible de continuer à le confectionner.

La situation extrêmement délicate où l'éleveur de chevaux de guerre est placé, par l'abandon total du commerce, devrait, ce semble, indiquer à l'administration de la guerre qu'elle a des devoirs spéciaux à remplir envers lui; qu'elle doit faire tous ses efforts pour le tirer d'embarras en accueillant avec empressement les chevaux dignes d'entrer dans l'escadron.

Si elle se plaint de ce que le nombre des chevaux qui lui sont nécessaires n'existe pas dans l'élevage français, elle ne doit pas craindre de se voir débordée par ces chevaux.

Alors elle n'a pas besoin de limiter, ou même de préciser rigoureusement, comme elle le fait, le nombre et la spécialité des chevaux qu'elle ordonne d'acheter. Au lieu d'écrire à un commandant de dépôt : Achetez vingt chevaux de ligne; trente légers, quinze de réserve, — ne peut-elle laisser à cet officier la liberté d'acquérir ce qui se présente devant lui, sans lui assigner d'autres limites que le complément du dépôt pour lequel il travaille.

Quand un éleveur cherche à produire un cheval de ligne, ce cheval, contre le calcul de son propriétaire, peut devenir cheval de réserve ou cheval léger. Pourquoi ne pas le prendre dans la spécialité où il se présente? Mais il faut pour cela de la latitude à l'officier acheteur.

Ce ne sera que quand l'administration de la guerre aura témoigné de toute sa sollicitude, de tous ses efforts pour recueillir les chevaux qui sont élevés à son adresse, qu'elle pourra être admise à dire que le nombre de chevaux dont elle a besoin n'existe pas en France.

Ce n'est pas quand la production est réduite aux abois, faute de débouché, dans les meilleures contrées chevalines, que l'administration de la guerre peut dire : « Je ne trouve pas de chevaux. »

Car, nous autres éleveurs, nous avons le droit de lui répondre : Voici nos chevaux, que nous avons élevés pour vous, exclusivement pour vous, depuis, surtout, que le commerce nous a désertés pour ne pas marcher en concurrence avec vous.

Voici nos chevaux, depuis le plus beau jusqu'au dernier : nous vous laissons le choix sur le tout, nous ne marchandons pas sur le prix du tarif, — et vous n'achetez pas !

La situation excessivement pénible où nous nous trouvons placés vis-à-vis de l'administration de la guerre, qui peut laisser et qui laisse en effet à notre charge une grande partie des produits fabriqués pour elle, indique, d'un autre côté, à M. le ministre de l'agriculture, qu'il doit nous *ménager* dans l'impulsion qu'il donne aux races militaires. S'il nous présente à faire des chevaux d'une fabrication trop difficile, notre déchet en devient d'autant plus grand. Sur cent poulains, s'ils sont issus de producteurs de sang, on a de la peine à amener les deux tiers à bien, tandis que l'on ferait réussir quatre-vingt-dix-neuf roussins, — et à la rigueur, on peut faire un cheval de guerre avec un roussin; ce furent des roussins, non des chevaux de sang, qui vainquirent à Marengo, à Austerlitz, à Wagram. — L'administration croit faire pour le mieux en nous envoyant les plus beaux étalons possibles ; par là, elle aggrave notre tâche et nous commande des tours de force. Des étalons un peu moins recherchés rempliraient probablement mieux nos bourses et les cadres de l'armée, et si la remonte refuse de nous acheter leurs produits, nous vendrons ceux-ci beaucoup mieux aux divers services civils, comme roussins que comme chevaux de sang plus ou moins réussis.

IX.

Il y a des hippologues qui se préoccupent de l'entrée et de la sortie des juments à la frontière, de leur consommation par l'armée, la chasse, le fiacre, etc. A quoi bon ? Ce n'est pas la jument qui fait le cheval, c'est l'éleveur. La plus belle jument du monde, quand elle n'appartient pas à un éleveur, n'est que la femelle du cheval hongre.

Les juments forment la moitié de l'espèce chevaline, et il est impossible de les employer toutes à la reproduction, car chaque jument pouvant faire, en moyenne, cinq ou six poulains, il résulterait de leur fécondité naturelle une production excédant toutes les proportions de la consommation. Il importe qu'elles aient la plus grande valeur possible dans le commerce, sinon la spéculation équine serait boiteuse, et manquerait de l'une de ses branches importantes d'encouragement. Laissez donc les juments entrer au régiment, laissez-les passer la frontière. Rassurez-vous sur le compte de l'éleveur; il ne vend que celles dont il n'a pas besoin; il est toujours approvisionné au préalable; il est beaucoup moins embarrassé pour faire naître des poulains que pour vendre ses chevaux adultes; et soyez bien convaincus que plus on lui demande de chevaux mâles et femelles, plus il en fait; que plus on lui en laisse sur les bras, plus il ralentit son action.

X.

En résumé, si nous voulons analyser les éléments divers de la question chevaline, voici comment nous trouvons la matière composée :

1° Le *sport*, dont l'objet est d'améliorer les chevaux, d'opérer la transformation des races par l'emploi du pur sang. Au point de vue théorique, le système du sport est juste ; il a prospéré en Angleterre ; il a réussi chez des princes allemands; mais au point de vue pratique, il rencontre en France de grandes difficultés, parce que l'éleveur, ici, n'est pas un prince ni un *sportman*, il est tout simplement un charretier, un bouvier qui veut élever un cheval à la manière rustique, et sans beaucoup de frais.

2° L'administration des haras. Elle a été amenée, en 1833, à adopter le système de l'amélioration des races par le pur sang. Elle a avancé comme elle a pu dans cette voie difficile ; elle a recruté les étalons de sang dans une progression constante. Mais en même temps qu'elle admettait le principe, elle a senti la nécessité de modérer l'application, attendu qu'elle a reconnu, chemin faisant, que l'éleveur en France est bien réellement un charretier ou un bouvier, non un sportman.

3° L'éleveur. Celui-ci étant ce que nous venons de dire, aime particulièrement à élever un cheval selon ses mœurs. S'il est charretier, il veut que le cheval soit un instrument à son usage; s'il est bouvier, il faut que le cheval soit, pour lui, un simple bétail qui s'élève sur la prairie avec ni plus ni moins de soins qu'une génisse. L'un ou l'autre système, bouvier ou charretier, ne peut comporter qu'un degré de sang très-limité.

Ces éleveurs, au lieu de repousser l'administration comme

quelques-uns voudraient le faire croire, la harcèlent sans cesse de leurs sollicitations, de leurs importunités; ils demandent deux fois plus d'étalons qu'on ne peut leur en accorder, et cela pour s'épargner la peine d'en acheter eux-mêmes, ou d'en payer le service à des spéculateurs. Ils médisent pourtant de l'administration, qui leur impose la tâche de fabriquer des chevaux trop distingués, tandis qu'ils s'entendraient merveilleusement avec elle si elle voulait leur fournir de gros étalons propres à faire le cheval de trait et la mulassière.

L'administration, placée entre le sport et les éleveurs dont il s'agit, est exactement dans la position de l'*homme entre deux âges et ses deux maîtresses*. D'un côté, on voudrait éteindre, entre ses mains, tous les chevaux d'*étoffe*, de l'autre tous les chevaux de *sang*. Alors il resterait...

Le plus sage est de ne donner ni trop à droite ni trop à gauche. — *Medio tutissimus ibis*.

4° Le commerce. Il se jette particulièrement sur les gros chevaux, et même pour le luxe, il préfère les chevaux lymphatiques qui se vendent bien engraissés. Il prétend que l'administration raffine trop le cheval, et s'expose ainsi à faire manquer la production entre les mains d'éleveurs maladroits. Il se plain aussi de l'éleveur qui ne dresse pas ses chevaux, et de la remonte qui lui enlève la fleur de la production ; et pour cela il s'en va en Allemagne chercher des chevaux qui ont moins de sang et qui sont plus dociles que les nôtres.

5° La guerre. Elle aime particulièrement le roussin bien rablé, bien membré, bien rustique; elle a horreur du cheval décousu, grêle, délicat. Il est donc inutile de s'évertuer à faire pour elle des chevaux trop recherchés.

Il existe ainsi une vraie confusion entre les cinq éléments que nous venons de distinguer dans la question chevaline. Il se rencontre notamment, entre le point de départ et le point d'arrivée, d'embarrassants passages. Le point de départ, c'est le *sport*, c'est l'idée d'améliorer par le pur sang. Le milieu c'est l'éleveur rustique et sa prairie telle quelle, genre d'obstacle très-difficile à faire franchir au pur sang pour arriver à bonne fin. Le point d'arrivée, c'est la remonte et le commerce. Ceux-ci ne veulent des chevaux de sang qu'autant que ces chevaux ont parfaitement réussi dans l'élevage, sinon ils aiment mieux des roussins. Or, comme nous l'avons dit, le meilleur moyen de faire réussir l'élève du cheval, ce n'est pas toujours de viser au plus haut, mais de bien consulter le terrain sur lequel on travaille, de le prendre comme il est, avec ses ressources et ses difficultés, et d'en tirer tout le parti possible.

CH. DE SOURDEVAL.

Paris — Imp. SCHNEIDER, rue d'Erfurth, 1.

www.ingramcontent.com/pod-product-compliance
Ingram Content Group UK Ltd.
Pitfield, Milton Keynes, MK11 3LW, UK
UKHW022155260726
13993UKWH00005B/2375

9 782329 492766